Inhaltsverzeichnis

Mathematische Zeichen

+	plus	<	kleiner als	≙	entspricht	∢	Winkel
−	minus	>	größer als	√	Wurzel aus	⊾	rechter Winkel (90°)
·	mal	≤	kleiner gleich (kleiner oder gleich)	~	proportional, ähnlich	°	Grad
:	geteilt durch	≥	größer gleich (größer oder gleich)	⊥	rechtwinklig zu, senkrecht auf	$\overline{AB}$	Strecke mit den Endpunkten A und B
=	ist gleich	≠	ungleich	‖	parallel	△	Dreieck
≈	rund, annähernd	%	Prozent	‰	Promille	≅	kongruent

Griechisches Alphabet

A	α	Alpha	H	η	Eta	N	ν	Ny	T	τ	Tau
B	β	Beta	Θ	ϑ, θ	Theta	Ξ	ξ	Xi	Y	υ	Ypsilon
Γ	γ	Gamma	I	ι	Jota	O	o	Omikron	Φ	φ	Phi
Δ	δ	Delta	K	$\varkappa$	Kappa	Π	π	Pi	X	χ	Chi
E	ε	Epsilon	Λ	λ	Lambda	P	ϱ	Rho	Ψ	ψ	Psi
Z	ζ	Zeta	M	μ	My	Σ	σ, ς	Sigma	Ω	ω	Omega

Zahlenbereiche

$\mathbb{N}$	Natürliche Zahlen	$\mathbb{Q}^+$	Gebrochene Zahlen (Bruchzahlen)	$\mathbb{R}$	Reelle Zahlen
$\mathbb{Z}$	Ganze Zahlen	$\mathbb{Q}$	Rationale Zahlen		

Größen und Einheiten

Größe	Einheiten	Umrechnungszahlen
Länge	km, m, dm, cm, mm	1000, 10, 10, 10
Flächeninhalt	km², ha, a, m², dm², cm², mm²	1 000 000, 100, 100, 100
Rauminhalt (Volumen)	m³, dm³, cm³, mm³	1000, 1000, 1000
Hohlmaße	hl, l, cl, ml	100, 100, 10
Masse	t, dt, kg, g, mg	1000, 1000, 1000
Zeit	d, h, min, s	24, 60, 60

Häufig gebräuchliche Bezeichnungen bei Maßeinheiten

Bezeichnung	Giga	Mega	Kilo	Hekto	Dezi	Zenti	Milli	Mikro
Zeichen	G	M	k	h	d	c	m	µ
Vielfaches der Einheit	10^9	10^6	10^3	10^2	10^{-1}	10^{-2}	10^{-3}	10^{-6}

Häufig verwendete Zehnerpotenzen und ihre Bezeichnungen

Milliarde	(Mrd.)	$10^9 = 1\,000\,000\,000$	Hundert	$10^2 = 100$	Zehntel	$10^{-1} = 0{,}1$
Million	(Mio.)	$10^6 = 1\,000\,000$	Zehn	$10^1 = 10$	Hundertstel	$10^{-2} = 0{,}01$
Tausend	(Tsd.)	$10^3 = 1000$	Eins	$10^0 = 1$	Tausendstel	$10^{-3} = 0{,}001$

Grundrechenarten

Addition $a + b = c$ Summand + Summand = Summe	Subtraktion $a - b = c$ Minuend – Subtrahend = Differenz
Multiplikation $a \cdot b = c$ Faktor · Faktor = Produkt	Division $a : b = c$ Dividend : Divisor = Quotient

Rechengesetze

Kommutativgesetz	$a + b = b + a$	$a \cdot b = b \cdot a$	(Kurzform: $ab = ba$)
Assoziativgesetz	$(a + b) + c = a + (b + c)$	$(a \cdot b) \cdot c = a \cdot (b \cdot c)$	
Distributivgesetz	$(a + b) \cdot c = ac + bc$ $(a - b) \cdot c = ac - bc$	$a \cdot (b + c) = ab + ac$ $a \cdot (b - c) = ab - ac$	

Rechenregeln

Auflösen von Klammern	$a + (b + c - d) = a + b + c - d$ $\quad a - (b + c - d) = a - b - c + d$
Ausmultiplizieren	$a \cdot (b + c - d) = ab + ac - ad$
Ausklammern	$ab + ac - ad = a \cdot (b + c - d)$
Multiplikation von Summen	$(a + b) \cdot (c + d) = ac + ad + bc + bd$
Binomische Formeln	$(a + b)^2 = a^2 + 2ab + b^2$; $\quad (a - b)^2 = a^2 - 2ab + b^2$ $(a + b) \cdot (a - b) = a^2 - b^2$

Rundungsregeln

Abrunden	Folgt rechts von der Rundungsstelle eine 0, 1, 2, 3 oder 4, bleibt der Stellenwert an der Rundungsstelle unverändert. Alle folgenden Ziffern werden durch Nullen ersetzt.
Aufrunden	Folgt rechts von der Rundungsstelle eine 5, 6, 7, 8 oder 9, wird der Stellenwert an der Rundungsstelle um 1 erhöht. Alle folgenden Ziffern werden durch Nullen ersetzt.

Teilbarkeit

durch 2	Die Zahl ist gerade, also ihre Einerstelle ist 2, 4, 6, 8 oder 0.
durch 3	Die Quersumme der Zahl ist durch 3 teilbar. Die Quersumme ist die Summe aller Ziffern der Zahl.
durch 4	Die letzten beiden Stellen der Zahl ergeben eine durch 4 teilbare Zahl.
durch 5	Die Einerstelle der Zahl ist 0 oder 5.
durch 6	Die Zahl ist gerade und durch 3 teilbar.
durch 8	Die letzten drei Stellen der Zahl ergeben eine durch 8 teilbare Zahl.
durch 9	Die Quersumme der Zahl ist durch 9 teilbar.
durch 10	Die Einerstelle der Zahl ist 0.

Weitere Rechenoperationen

Potenzieren	$\underbrace{a \cdot a \cdot \ldots \cdot a}_{n\text{-mal}} = a^n$ $a^0 = 1 \ (a \neq 0)$;	$b = a^n$ $a^1 = a$	b: Potenz a: Basis n: Exponent	Quadrieren $a \cdot a = a^2$
Radizieren (n-te Wurzel ziehen)	$b = \sqrt[n]{a} \ (a \geq 0)$	b: Wurzel a: Radikand n: Wurzelexponent		Quadratwurzel ziehen $\sqrt{a} = b \ (b > 0)$, wenn $b^2 = a$ erfüllt ist.

Potenzgesetze

Ist k eine natürliche Zahl größer 0 und $a \neq 0$, so gilt $a^{-k} = \frac{1}{a^k}$.

gleiche Basis	gleicher Exponent	Potenzieren
$a^m \cdot a^n = a^{m+n}$	$a^n \cdot b^n = (a \cdot b)^n$	$(a^m)^n = a^{m \cdot n}$
$a^m : a^n = \frac{a^m}{a^n} = a^{m-n}$ für $a \neq 0$	$a^n : b^n = \frac{a^n}{b^n} = \left(\frac{a^n}{b^n}\right)$ für $b \neq 0$	

Wurzelgesetze

Anstelle von $\sqrt[2]{a}$ schreibt man kurz $\sqrt{a}$. Stets gilt $\sqrt{a^2} = |a|$. Es gilt $\sqrt[n]{0} = 0$.

Multiplizieren	Dividieren	Potenzieren	Radizieren
$\sqrt[n]{a} \cdot \sqrt[n]{b} = \sqrt[n]{a \cdot b}$	$\frac{\sqrt[n]{a}}{\sqrt[n]{b}} = \sqrt[n]{\frac{a}{b}}$ für $b \neq 0$	$\left(\sqrt[n]{a}\right)^m = \sqrt[n]{a^m}$	$\sqrt[m]{\sqrt[n]{a}} = \sqrt[m \cdot n]{a}$

Wurzeln in Potenzschreibweise

$a^{\frac{1}{n}} = \sqrt[n]{a}$ $(a \geq 0; n > 0)$	$a^{\frac{m}{n}} = \sqrt[n]{a^m}$ $(a \geq 0; n > 0; m \geq 0)$	$a^{-\frac{m}{n}} = \frac{1}{\sqrt[n]{a^m}}$ $(a > 0; n > 0; m \geq 0)$

Brüche

Erweitern / Kürzen	$\frac{a}{b} = \frac{a \cdot c}{b \cdot c}$ / $\frac{a}{b} = \frac{a : c}{b : c}$ $(c \neq 0)$
Umwandlung in Dezimalbruch	$\frac{a}{b} = a : b = c;\ b \neq 0$
Umwandlung Dezimalbruch in Bruch	Umwandlung in Zehnerbruch und kürzen
Addition / Subtraktion gleichnamiger Brüche	$\frac{a}{c} + \frac{b}{c} = \frac{a+b}{c}$ / $\frac{a}{c} - \frac{b}{c} = \frac{a-b}{c}$ $(c \neq 0)$
Addition / Subtraktion	Es wird zu gleichnamigen Brüchen erweitert oder gekürzt und dann entsprechend addiert/subtrahiert.
Multiplikation	$\frac{a}{b} \cdot \frac{c}{d} = \frac{a \cdot c}{b \cdot d}$ $(b \neq 0; d \neq 0)$
Division	$\frac{a}{b} : \frac{c}{d} = \frac{a}{b} \cdot \frac{d}{c} = \frac{a \cdot d}{b \cdot c}$ $(b \neq 0; c \neq 0; d \neq 0)$

Zuordnung – Funktion – Begriffe

Elementen einer Menge A werden jeweils Elemente einer Menge B zugeordnet.
Wird jedem Element von A genau ein Element von B zugeordnet, ist dies eine Funktion.
A heißt Definitionsmenge (Definitionsbereich), B heißt Wertemenge (Wertebereich).
Die Elemente der Definitionsmenge heißen Argumente.
Die Elemente der Wertemenge heißen Funktionswerte.

Direkte Proportionalität – Proportionale Zuordnung

Dem n-fachen der Größe x wird das n-fache der Größe y zugeordnet. Man schreibt: $y \sim x$	Die Zahlenpaare sind quotientengleich. $\frac{y_1}{x_1} = \frac{y_2}{x_2} = \frac{y_3}{x_3} = \frac{y_4}{x_4} = k \quad (x \neq 0;\ y \neq 0)$ $\frac{y}{x} = \mathrm{k}$ bzw. $y = k \cdot x$ k heißt Proportionalitätsfaktor.	Der Graph der Zahlenpaare liegt auf einer Ursprungshalbgeraden. 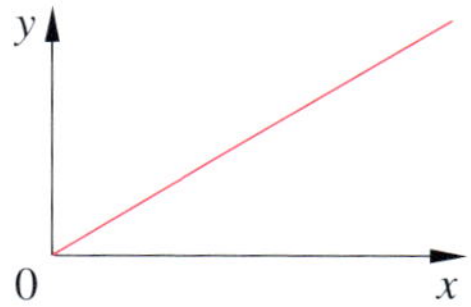

Umgekehrte (indirekte) Proportionalität – Umgekehrt proportionale Zuordnung

Dem n-fachen der Größe x wird der n-te Teil der Größe y zugeordnet. Man schreibt: $y \sim \frac{1}{x}$ $(x \neq 0;\ y \neq 0)$	Die Zahlenpaare sind produktgleich. $x_1 \cdot y_1 = x_2 \cdot y_2 = x_3 \cdot y_3 = x_4 \cdot y_4 = k$ $x \cdot y = k$ bzw. $y = \frac{k}{x}$	Der Graph der Zahlenpaare liegt auf einem Hyperbelast. 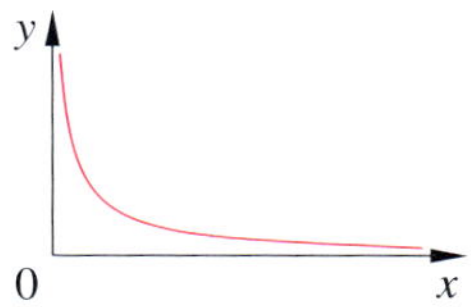

Prozentrechnung

Grundgleichung	$\frac{W}{G} = \frac{p}{100} \left(\frac{p}{100} = p\,\%\right)$ W: Prozentwert; G: Grundwert; $p\,\%$: Prozentsatz
$1\,\% = \frac{1}{100} = 0{,}01$	$W = p\,\% \cdot \mathrm{G}$ $\quad p\,\% = \frac{W}{G} \quad G = \frac{W}{p\,\%}$

Promille

Promille ist $\frac{1}{10}$ Prozent.	$1\,‰ = \frac{1}{10}\,\% = \frac{1}{10 \cdot 100} = \frac{1}{1000} = 0{,}001$

Zinsrechnung

Grundgleichung	$\frac{Z}{K} = \frac{p}{100} \left(\frac{p}{100} = p\,\%\right)$ Z: Zinsen; K: Kapital; $p\,\%$: Zinssatz (pro Jahr: p. a.) $Z = p\,\% \cdot K \quad p\,\% = \frac{Z}{K} \quad K = \frac{Z}{p\,\%}$
Tageszinsen	$Z = \frac{p}{100} \cdot K \cdot \frac{t}{365}$ t: Anzahl der Tage (bezogen auf ein Jahr)
Zinseszinsen	Die Jahreszinsen werden dem Kapital zugeschlagen und im Folgejahr mitverzinst. Bei gleich bleibendem Jahreszinssatz gilt: $K_n = K_0 \cdot \left(1 + \frac{p}{100}\right)^n$ $\quad K_0$: Anfangskapital; K_n: Endkapital n: Anzahl der Jahre $K_n = K_0 \cdot q^n$ $\quad q$: Wachstumsfaktor $\quad q = 1 \pm \frac{p}{100}$

Lineare Funktion – Lineare Gleichung

Bei den Gleichungen kommen die entsprechenden Variablen nur in der ersten Potenz vor und dürfen nicht im Nenner von Termen stehen.		
Normalform	$y = mx + n$ m: Steigung ($m \neq 0$) n: y-Achsenabschnitt $m = \frac{y_2 - y_1}{x_2 - x_1}$ $(x_1 \neq x_2)$ $m = \tan\alpha$ $(\alpha \neq 90°)$ $m > 0$: steigende, $m < 0$: fallende Gerade $m = 0$: zur x-Achse parallele Gerade $y = n$ Nullstelle x_0: $x_0 = -\frac{n}{m}$	Der Graph ist eine Gerade. 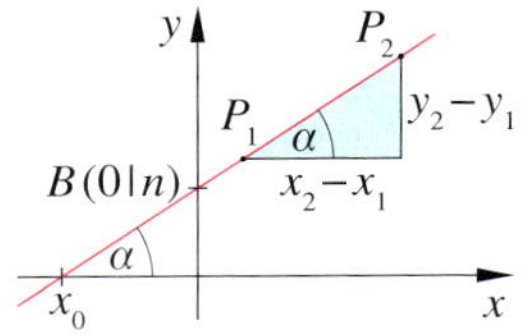
	zueinander parallele Geraden g_1 und g_2: In den Gleichungen gilt $m_1 = m_2$. zueinander senkrechte Geraden g_1 und g_2: In den Gleichungen gilt $m_1 = -\frac{1}{m_2}$.	

Quadratische Funktion – Quadratische Gleichung

Bei den Gleichungen kommt die Variable (x) in der zweiten Potenz vor und in keiner höheren Potenz. Sie darf nicht im Nenner von Termen stehen. Das Lösen quadratischer Gleichungen kann als Bestimmung der Nullstellen quadratischer Funktionen angesehen werden, in deren Gleichungen $y = 0$ gilt.		
Normalform	$y = x^2 + px + q$ Scheitelpunkt: $S\left(-\frac{p}{2} \middle\| -\left(\frac{p}{2}\right)^2 + q\right)$ Diskriminante D: $\left(\frac{p}{2}\right)^2 - q$; $S\left(-\frac{p}{2} \middle\| -\mathrm{D}\right)$ D > 0: zwei Nullstellen, D = 0: eine, D < 0: keine Nullstelle Nullstellen: $x_{1,2} = -\frac{p}{2} \pm \sqrt{\left(\frac{p}{2}\right)^2 - q}$	Der Graph ist eine nach oben geöffnete Normalparabel. 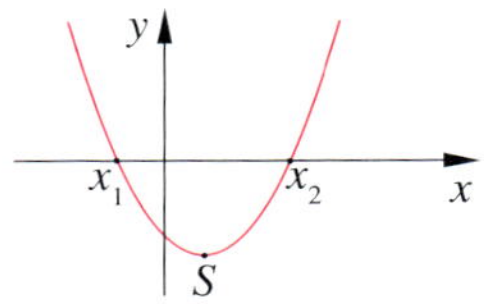
Scheitelpunktform	Mithilfe der quadratischen Ergänzung und binomischer Formeln lässt sich aus der Normalform die Scheitelpunktform ableiten. $y = (x + d)^2 + e$ Scheitelpunkt: $S(-d\|e)$ Nullstellen: $x_{1,2} = -d \pm \sqrt{-\mathrm{e}}$	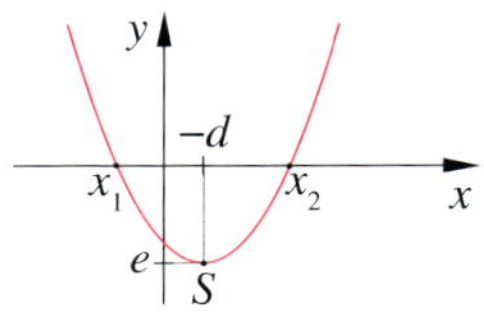
Allgemeine Form	$y = ax^2 + bx + c$ $(a \neq 0)$ Scheitelpunkt: $S\left(-\frac{b}{2a} \middle\| -\left(\frac{b}{2a}\right)^2 + c\right)$ Diskriminante D: $\left(\frac{b}{2a}\right)^2 - c$; $S\left(-\frac{b}{2a} \middle\| -\mathrm{D}\right)$ D > 0: zwei Nullstellen, D = 0: eine, D < 0: keine Nullstelle Nullstellen: $x_{1,2} = -\frac{b}{2a} \pm \sqrt{\left(\frac{b}{2a}\right)^2 - c}$ Durch Division des Funktionsterms durch a wird die allgemeine Form in die Normalform überführt.	Der Graph ist eine Parabel. nach oben geöffnet: $a > 0$ nach unten geöffnet: $a < 0$ gestreckt: $a > 1$ und $a < -1$ gestaucht: $-1 < a < 1$ $(a \neq 0)$ Normalparabel: $a = -1$; $a = 1$ 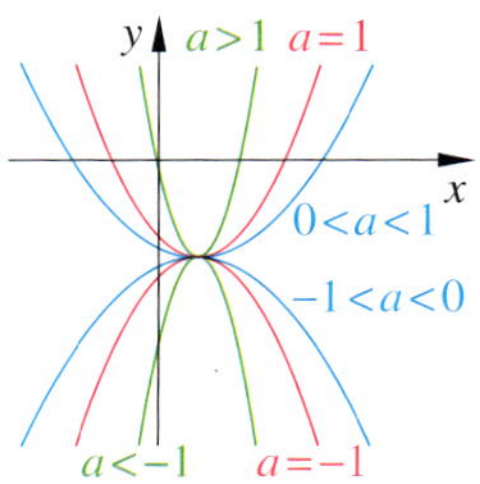

Winkelfunktionen – Winkelbeziehungen

Im rechtwinkligen Dreieck ist die Hypotenuse die Seite, die dem rechten Winkel gegenüber liegt.
Katheten sind die dem rechten Winkel anliegenden Seiten.
Ankathete ist die einem spitzen Winkel φ (sprich: vi) anliegende Seite.
Gegenkathete ist die einem spitzen Winkel φ gegenüber liegende Seite.

Winkelbeziehungen im rechtwinkligen Dreieck

$\sin\varphi = \frac{\text{Gegenkathete}}{\text{Hypotenuse}}$

$\cos\varphi = \frac{\text{Ankathete}}{\text{Hypotenuse}}$

$\tan\varphi = \frac{\text{Gegenkathete}}{\text{Ankathete}}$

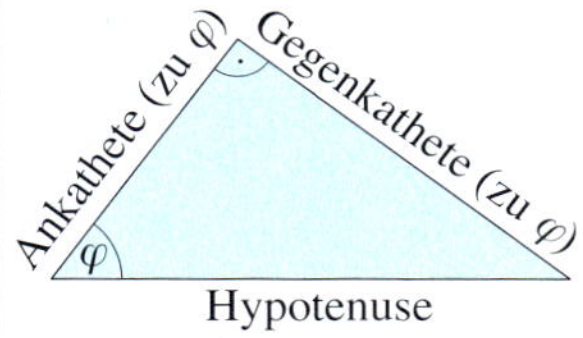

Speziell im Dreieck ABC mit $\gamma = 90°$ für β:

$\sin\beta = \frac{b}{c}$

$\cos\beta = \frac{a}{c}$

$\tan\beta = \frac{b}{a}$

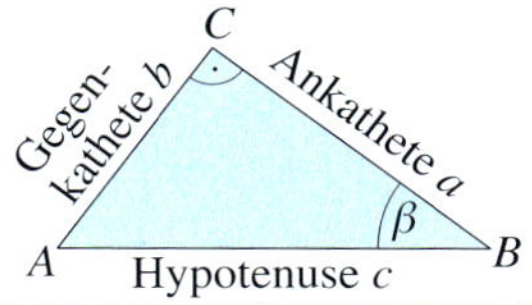

Betrachtungen am Einheitskreis ($r = 1$ LE)

$\sin\varphi = y$

$\cos\varphi = x$

$\tan\varphi = \frac{y}{x} = \frac{\sin\varphi}{\cos\varphi}$

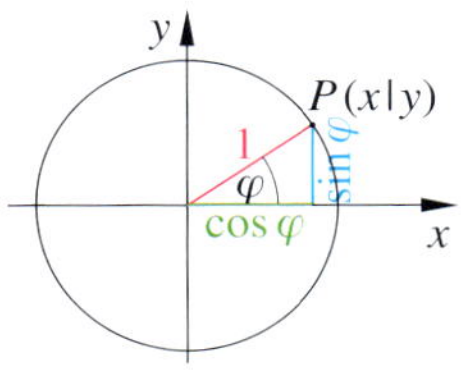

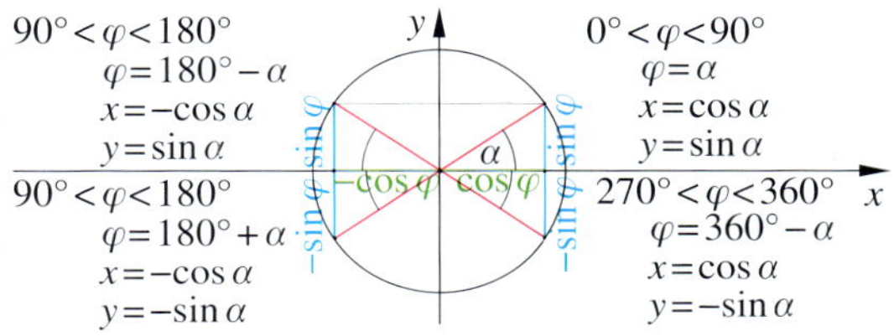

Bogenmaß

Bei der funktionalen Betrachtung wird in der Regel das dem Winkelmaß zugeordnete Bogenmaß x verwendet. Das ist die Länge des dem Winkel φ auf dem Einheitskreis zugeordneten Bogens.

$x = 2\pi \cdot \frac{\varphi}{360°}$ $\qquad \varphi = \frac{x}{\pi} \cdot 180°$

φ	0°	30°	45°	60°	90°	180°	270°	360°
x	0	$\frac{\pi}{6}$	$\frac{\pi}{4}$	$\frac{\pi}{3}$	$\frac{\pi}{2}$	π	$\frac{3}{2}\pi$	2π

Spezielle Funktionswerte der Winkelfunktionen

	0	$\frac{\pi}{6}$	$\frac{\pi}{4}$	$\frac{\pi}{3}$	$\frac{\pi}{2}$	$\frac{2\pi}{3}$	$\frac{3\pi}{4}$	$\frac{5\pi}{6}$	π	$\frac{5\pi}{4}$	$\frac{3\pi}{2}$	2π
	0°	30°	45°	60°	90°	120°	135°	150°	180°	225°	270°	360°
$\sin x$	0	$\frac{1}{2}$	$\frac{1}{2}\sqrt{2}$	$\frac{1}{2}\sqrt{3}$	1	$\frac{1}{2}\sqrt{3}$	$\frac{1}{2}\sqrt{2}$	$\frac{1}{2}$	0	$-\frac{1}{2}\sqrt{2}$	-1	0
$\cos x$	1	$\frac{1}{2}\sqrt{3}$	$\frac{1}{2}\sqrt{2}$	$\frac{1}{2}$	0	$-\frac{1}{2}$	$-\frac{1}{2}\sqrt{2}$	$-\frac{1}{2}\sqrt{3}$	-1	$-\frac{1}{2}\sqrt{2}$	0	1
$\tan x$	0	$\frac{1}{3}\sqrt{3}$	1	$\sqrt{3}$	–	$-\sqrt{3}$	-1	$-\frac{1}{3}\sqrt{3}$	0	1	–	0

Maßstab

Der Maßstab ist das Verhältnis (der Quotient) einer Länge in der Zeichnung zur zugehörigen Länge im Original (in der Wirklichkeit).

Verkleinerung	$1 : x$	Die Länge in der Zeichnung beträgt $\frac{1}{x}$ der Länge im Original.
Vergrößerung	$x : 1$	Die Länge in der Zeichnung beträgt das x-fache der Länge im Original.

Winkelarten – Winkelgrößen

Nullwinkel	$\alpha = 0°$	spitzer Winkel	$0° < \alpha < 90°$
Vollwinkel	$\alpha = 360°$	stumpfer Winkel	$90° < \alpha < 180°$
rechter Winkel	$\alpha = 90°$	überstumpfer Winkel	$180° < \alpha < 360°$
gestreckter Winkel	$\alpha = 180°$		

Winkelpaare

Winkelpaare an sich schneidenden Geraden		Winkelpaare an geschnittenen Parallelen		
Nebenwinkel	Scheitelwinkel	Stufenwinkel	Wechselwinkel	entgegengesetzt liegende Winkel
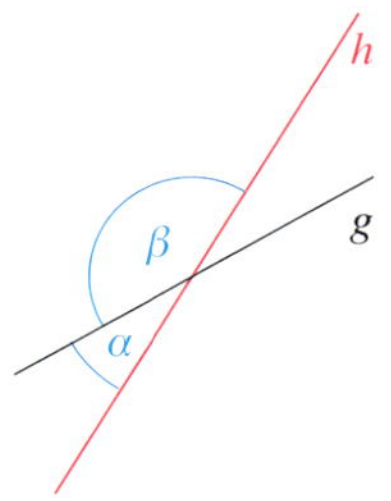	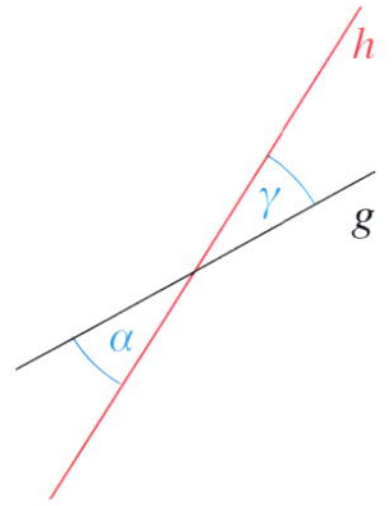	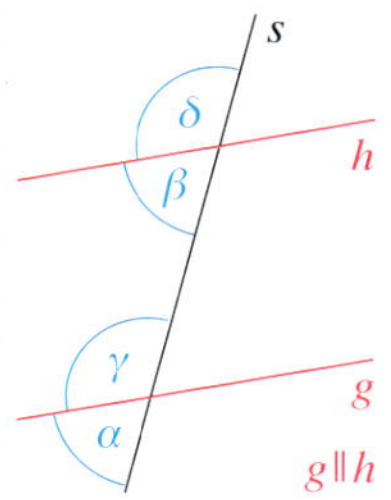	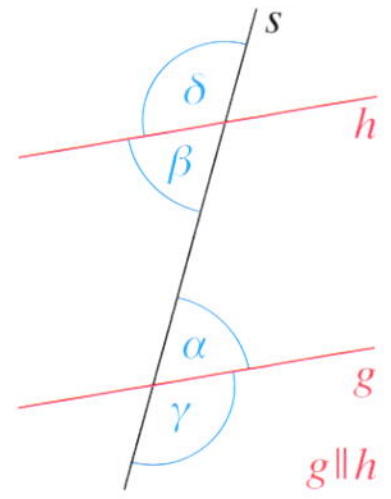	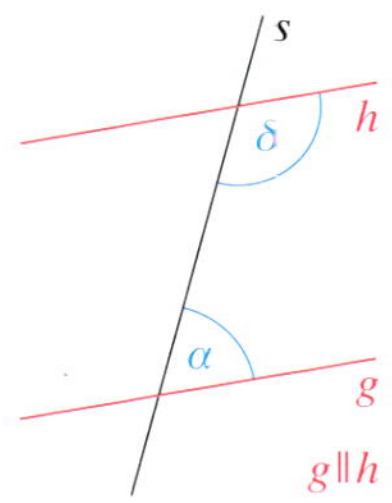
$\alpha + \beta = 180°$	$\alpha = \gamma$	$\alpha = \beta;\ \gamma = \delta$	$\alpha = \beta;\ \gamma = \delta$	$\alpha + \delta = 180°$

Strahlensätze

Werden zwei Strahlen mit einem gemeinsamen Anfangspunkt von zwei parallelen Geraden geschnitten, dann verhalten sich die Abschnitte auf dem einen Strahl wie die gleichliegenden Abschnitte auf dem anderen. **(1. Strahlensatz)**

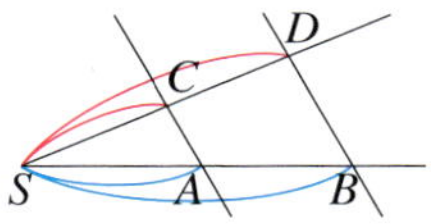 $\frac{\overline{SA}}{\overline{SB}} = \frac{\overline{SC}}{\overline{SD}}$	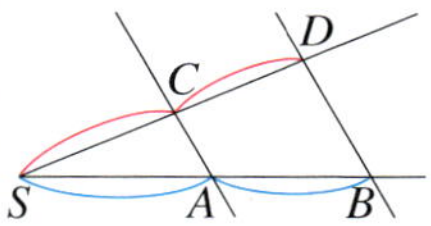 $\frac{\overline{SA}}{\overline{AB}} = \frac{\overline{SC}}{\overline{CD}}$	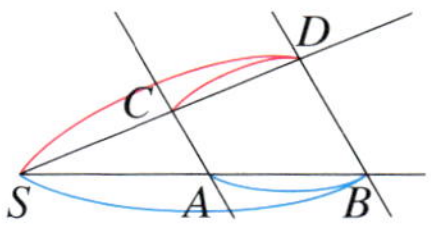 $\frac{\overline{SB}}{\overline{AB}} = \frac{\overline{SD}}{\overline{CD}}$

Werden zwei Strahlen mit einem gemeinsamen Anfangspunkt von zwei parallelen Geraden geschnitten, dann verhalten sich die Parallelabschnitte zueinander wie die zugehörigen Strahlenabschnitte ein und desselben Strahls. **(2. Strahlensatz)**

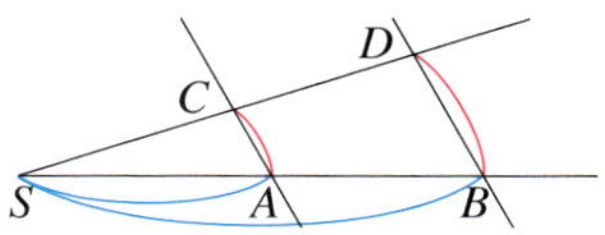 $\frac{\overline{SA}}{\overline{SB}} = \frac{\overline{AC}}{\overline{BD}}$	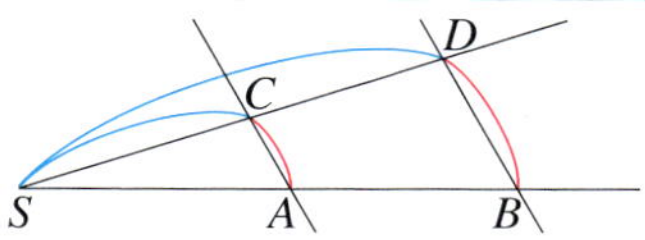 $\frac{\overline{SC}}{\overline{SD}} = \frac{\overline{AC}}{\overline{BD}}$

Ähnlichkeitssätze

Hauptähnlichkeitssatz	Dreiecke sind bereits ähnlich, wenn sie in zwei Winkeln übereinstimmen.
sss	Dreiecke sind ähnlich, wenn sie im Längenverhältnis aller entsprechenden Seiten übereinstimmen.
sws	Dreiecke sind ähnlich, wenn sie im Längenverhältnis zweier Seiten und dem eingeschlossenen Winkel übereinstimmen.
Ssw	Dreiecke sind ähnlich, wenn sie im Längenverhältnis zweier Seiten und dem der jeweils längeren Seite gegenüber liegenden Winkel übereinstimmen.

Kongruenzsätze

Dreiecke sind kongruent (deckungsgleich), wenn sie …		
sss	… in drei Seiten übereinstimmen.	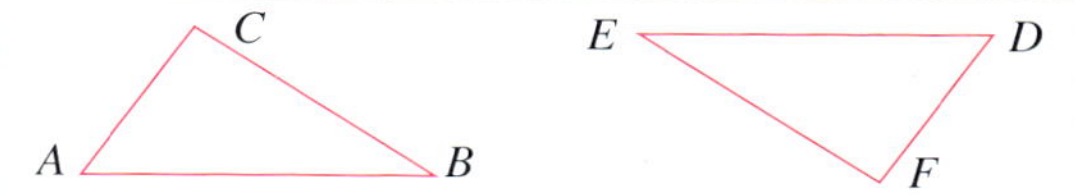
sws	… in zwei Seiten und dem eingeschlossenen Winkel übereinstimmen.	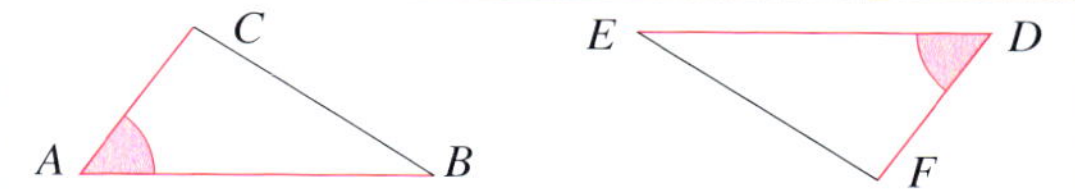
wsw	… in einer Seite und den beiden anliegenden Winkel übereinstimmen.	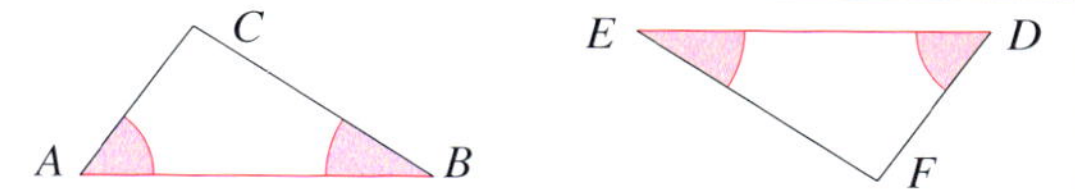
Ssw	… in zwei Seiten und dem der jeweils längeren Seite gegenüber liegenden Winkel übereinstimmen.	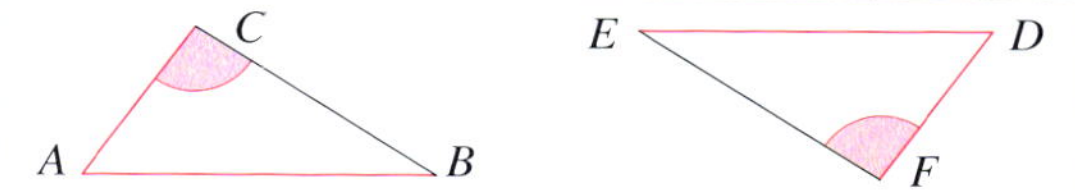

Dreiecke

Eckpunkte werden mit großen Buchstaben entgegen dem Uhrzeigersinn bezeichnet. Seiten werden mit kleinen Buchstaben bezeichnet. Jedem Eckpunkt liegt die zugehörige Seite gegenüber. Die Innenwinkel werden mit griechischen Buchstaben bezeichnet.

Einteilung nach Winkeln	spitzwinkliges Dreieck rechtwinkliges Dreieck stumpfwinkliges Dreieck	Alle Winkel sind kleiner als 90°, also spitz. Ein Winkel ist 90°, die anderen spitz. Ein Winkel ist größer als 90°, die anderen spitz.
Einteilung nach Seiten	unregelmäßiges Dreieck gleichschenkliges Dreieck gleichseitiges Dreieck	Alle Seiten sind verschieden lang. Zwei Seiten sind gleich lang. Sie heißen Schenkel, die dritte Seite Basis. Die der Basis anliegenden Winkel sind die Basiswinkel. Diese sind gleich groß. Alle Seiten sind gleich lang. Alle Winkelgrößen betragen 60°.

Linien im Dreieck Sie schneiden sich jeweils in einem Punkt.	Höhen 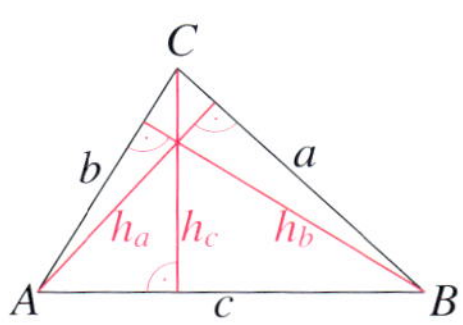	Sie stehen senkrecht auf der entsprechenden Seite und verlaufen jeweils durch den gegenüber liegenden Eckpunkt.
	Mittelsenkrechten 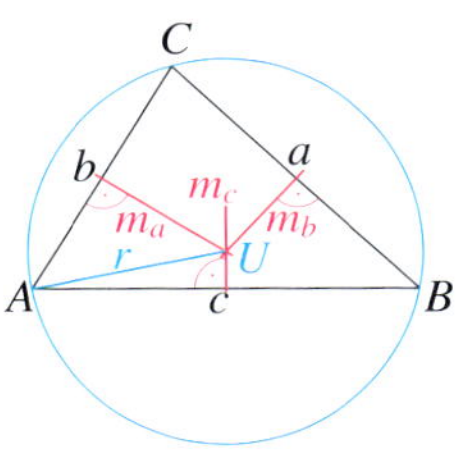	Sie stehen senkrecht auf der Mitte der entsprechenden Seite. Sie schneiden sich im Mittelpunkt *U* des Umkreises. Die Strecken $\overline{UA}$, $\overline{UB}$ oder $\overline{UC}$ sind jeweils Radius des Umkreises.

Linien im Dreieck Sie schneiden sich jeweils in einem Punkt.	Winkelhalbierende 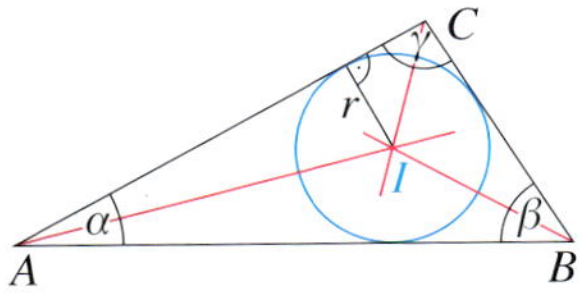 	Sie verlaufen jeweils vom Scheitelpunkt durch die Mitte des Innenwinkels. Sie schneiden sich im Mittelpunkt I des Inkreises. Jedes Lot von diesem Punkt auf eine Dreieckseite ist Radius des Inkreises.
	Seitenhalbierende 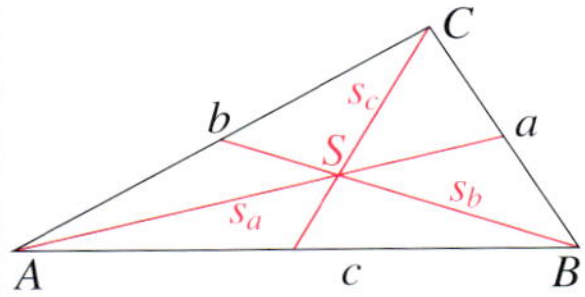 	Sie verlaufen jeweils vom Eckpunkt zum Mittelpunkt der gegenüber liegenden Seite. Sie schneiden sich im Schwerpunkt S.

Besondere Beziehungen	Innenwinkelsatz	Die Summe aller Innenwinkelmaße beträgt 180°. $\alpha + \beta + \gamma = 180°$
	Dreiecksungleichung	Die Summe der Längen zweier Dreieckseiten ist stets größer als die Länge der dritten Seite. $a + b > c \quad a + c > b \quad b + c > a$
	Seiten-Winkel-Beziehung	Der längeren Seite liegt der größere Winkel gegenüber und umgekehrt. Gilt zum Beispiel $a > b$ dann gilt auch $\alpha > \beta$.

Berechnungen an Dreiecken

Umfang	$u = a + b + c$	
Flächeninhalt	allgemein $A = \frac{1}{2} g \cdot h$ g: Grundseite h: zugehörige Höhe	speziell $A = \frac{1}{2} a \cdot h_a$; $A = \frac{1}{2} b \cdot h_b$; $A = \frac{1}{2} c \cdot h_c$
	Produkt aus der Hälfte zweier Seitenlängen und dem Sinus des eingeschlossenen Winkels	$A = \frac{1}{2} a b \cdot \sin\gamma$; $A = \frac{1}{2} a c \cdot \sin\beta$; $A = \frac{1}{2} b c \cdot \sin\alpha$

Berechnungen an rechtwinkligen Dreiecken

Flächeninhalt	Produkt aus der Hälfte der zwei Kathetenlängen	$\alpha = 90°$: $A = \frac{1}{2} b c$; $b = 90°$: $A = \frac{1}{2} a c$; $\gamma = 90°$: $A = \frac{1}{2} a b$
Satz des Pythagoras	Die Summe der Flächeninhalte der Kathetenquadrate ist gleich dem Flächeninhalt des Hypotenusenquadrats.	$\alpha = 90°$: $b^2 + c^2 = a^2$; $\beta = 90°$: $a^2 + c^2 = b^2$; $\gamma = 90°$: $a^2 + b^2 = c^2$

Berechnungen an gleichseitigen Dreiecken

Höhe	$h = \frac{1}{2} a \sqrt{3}$	Flächeninhalt	$A = \frac{1}{4} a^2 \sqrt{3}$

Vierecke

Vom Eckpunkt A aus werden die Seiten entsprechend mit kleinen Buchstaben entgegen dem Uhrzeigersinn bezeichnet.
Das Viereck hat zwei Diagonalen: $\overline{AC} = e$ und $\overline{BD} = f$.
Die Summe aller Innenwinkel beträgt 360°. $\alpha + \beta + \gamma + \delta = 360°$

Einordnung nach Eigenschaften	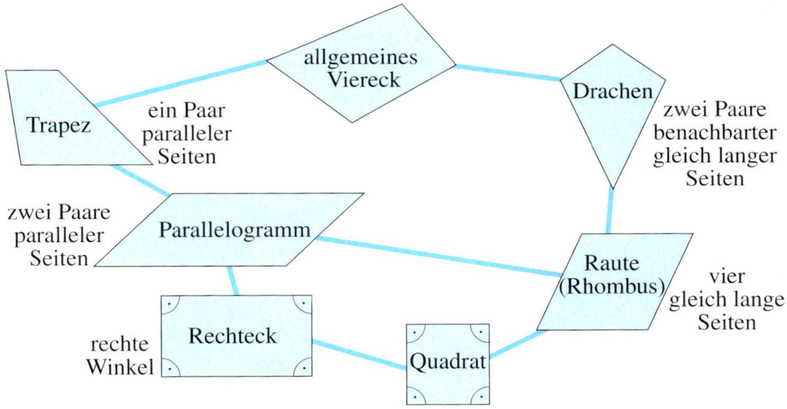

Berechnungen an Vierecken

Quadrat	Umfang $u = 4a$ Flächeninhalt $A = a \cdot a$; $A = a^2$; $A = \frac{1}{2} e \cdot f$	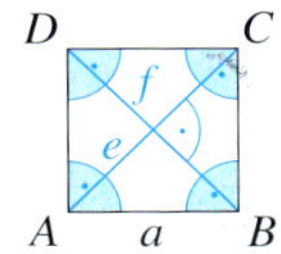
Rechteck	Umfang $u = 2a + 2b$; $u = 2(a + b)$ Flächeninhalt $A = a \cdot b$	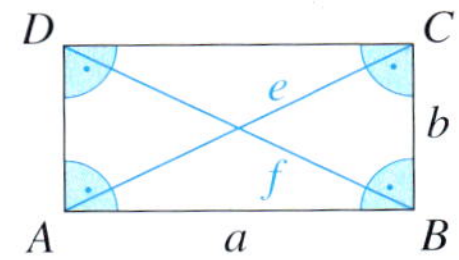
Parallelogramm	Umfang $u = 2a + 2b$; $u = 2(a + b)$ Flächeninhalt $A = g \cdot h$ g: Grundseite, h: zugehörige Höhe $A = a \cdot h_a$; $A = b \cdot h_b$	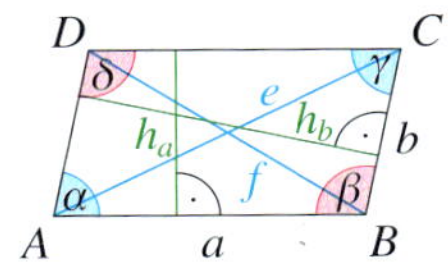
Raute (Rhombus)	Umfang $u = 4a$ Flächeninhalt $A = a \cdot h_a$; $A = \frac{1}{2} e \cdot f$	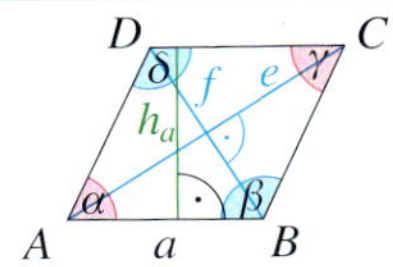
Trapez	Umfang $u = a + b + c + d$ Flächeninhalt $A = \frac{a + c}{2} \cdot h$ (es gilt $a \parallel c$) $A = m \cdot h$ m: Mittellinie	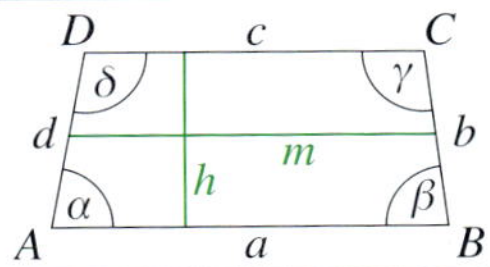
Drachenviereck	Umfang $u = 2a + 2b$; $u = 2(a + b)$ (a und b sind die jeweils verschieden langen Seiten) Flächeninhalt $A = \frac{1}{2} e \cdot f$	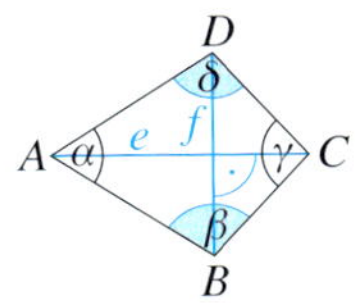

Regelmäßiges Sechseck

Das regelmäßige Sechseck wird durch die Diagonalen in sechs gleichseitige Dreiecke zerlegt. Der Radius des Umkreises ist gleich der Seitenlänge des Sechsecks, sodass es mit dem Zirkel gezeichnet werden kann.		
Berechnungen	Umfang $u = 6a$ Flächeninhalt $A = \frac{3}{2}a^2\sqrt{3}$	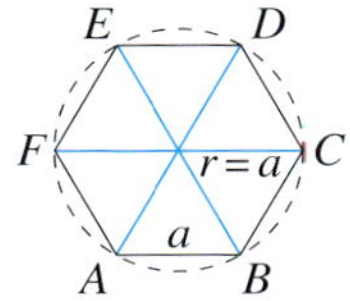

Kreis

Vom Mittelpunkt M des Kreises haben alle Punkte der Kreislinie den gleichen Abstand r. Für den Durchmesser d gilt $d = 2r$. Der Durchmesser ist die längste Sehne im Kreis. Die Tangente berührt den Kreis, die Sekante schneidet ihn in zwei Punkten. Die Kreiszahl π beschreibt das Verhältnis des Kreisumfangs zu seinem Durchmesser. $\pi = 3{,}141\,592\ \ldots$		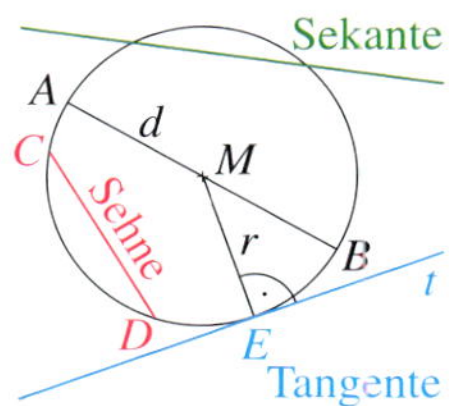
Beim Peripheriewinkel liegt der Scheitelpunkt auf der Kreislinie. Beim Zentriwinkel, auch Mittelpunktswinkel genannt, liegt der Scheitelpunkt im Mittelpunkt des Kreises.		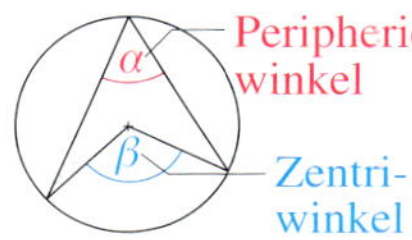
Satz des Thales	Jeder Peripheriewinkel über dem Durchmesser eines Kreises ist ein rechter Winkel. Verbindet man einen beliebigen Punkt der Kreislinie mit den Endpunkten eines Durchmessers, entsteht stets ein rechtwinkliges Dreieck.	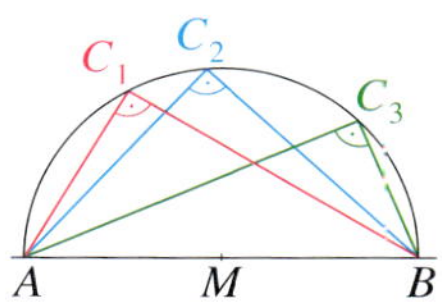
Peripherie-Zentriwinkel-Satz	Jeder Zentriwinkel (Mittelpunktswinkel) ist doppelt so groß wie jeder Peripheriewinkel über der gleichen Sehne.	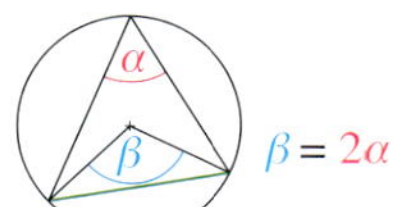

Berechnungen am Kreis

Kreis	Umfang $u = 2\pi r$; $u = \pi d$ Flächeninhalt $A = \pi r^2$; $A = \frac{\pi}{4}d^2$	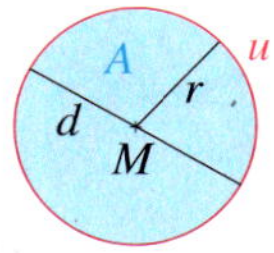
Kreisring	Flächeninhalt $A = \pi(r_1^2 - r_2^2)$; $A = \frac{\pi}{4}(d_1^2 - d_2^2)$	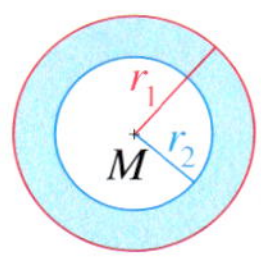
Kreisbogen b Kreisausschnitt	$b = 2\pi r \frac{\alpha}{360°}$; $A = \pi r^2 \frac{\alpha}{360°}$; $A = \frac{\pi}{4}d^2 \frac{\alpha}{360°}$ $A = \frac{1}{2}b\,r$	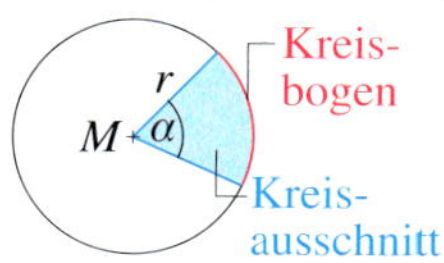

Berechnungen an Körpern

<table>
<tr><td rowspan="3">Würfel</td><td>Oberfläche</td><td>$A_O = 6a^2$</td><td rowspan="3">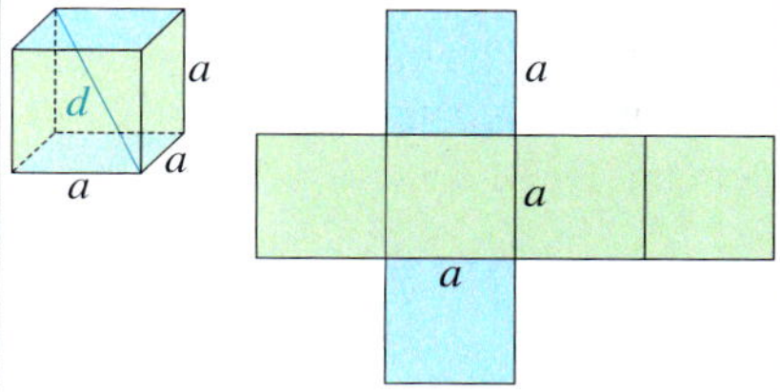
</td></tr>
<tr><td>Volumen</td><td>$V = a^3$</td></tr>
<tr><td>Raumdiagonale</td><td>$d = \sqrt{3}a$</td></tr>
<tr><td rowspan="3">Quader</td><td>Oberfläche</td><td>$A_O = 2(ab + ac + bc)$</td><td rowspan="3">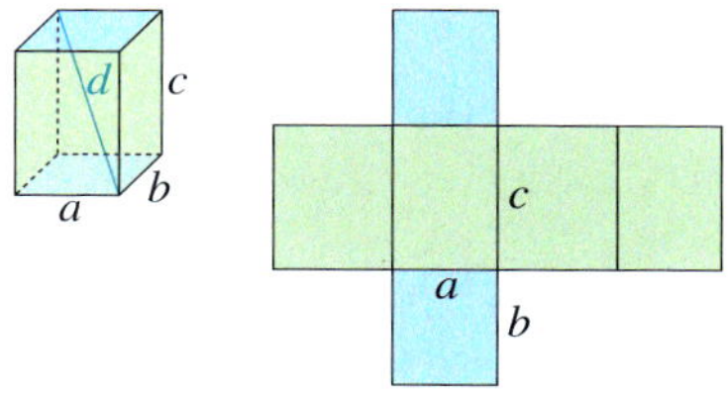
</td></tr>
<tr><td>Volumen</td><td>$V = a \cdot b \cdot c$</td></tr>
<tr><td>Raumdiagonale</td><td>$d = \sqrt{a^2 + b^2 + c^2}$</td></tr>
<tr><td rowspan="3">Prisma (Säule)</td><td>Mantelfläche</td><td>$A_M = u_G \cdot h$</td><td rowspan="3">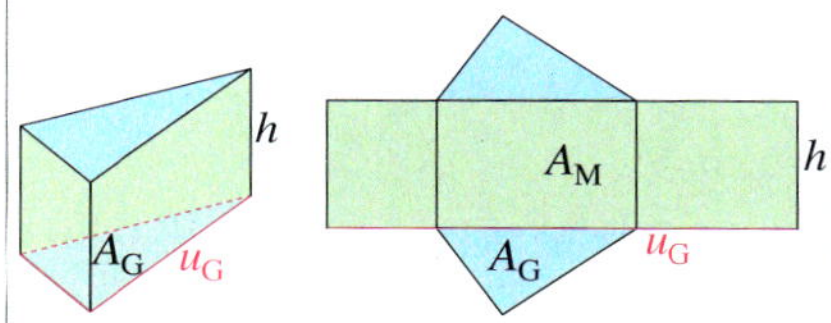
</td></tr>
<tr><td>Oberfläche</td><td>$A_O = 2A_G + A_M$</td></tr>
<tr><td>Volumen</td><td>$V = A_G \cdot h$</td></tr>
<tr><td rowspan="3">Zylinder</td><td>Mantelfläche</td><td>$A_M = 2\pi r h$</td><td rowspan="3">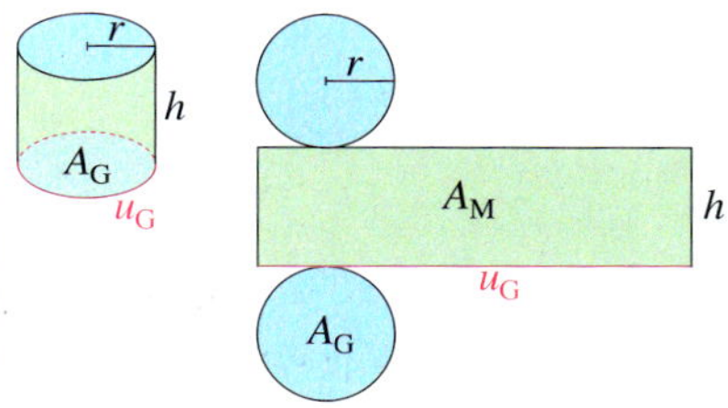
</td></tr>
<tr><td>Oberfläche</td><td>$A_O = 2\pi r(r + h)$</td></tr>
<tr><td>Volumen</td><td>$V = \pi r^2 h$</td></tr>
<tr><td rowspan="3">Quadratische Pyramide</td><td>Mantelfläche</td><td>$A_M = 2ah_a$</td><td rowspan="3">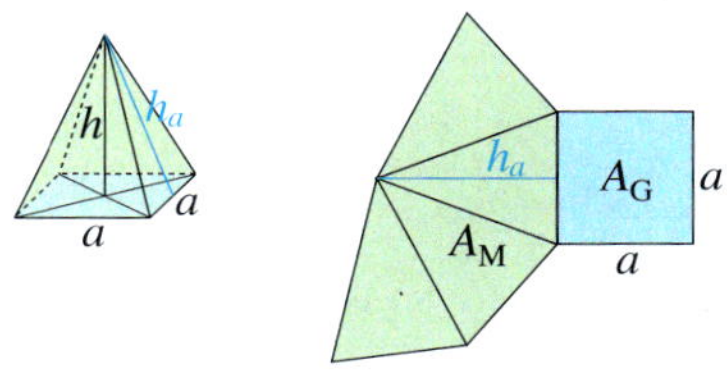
</td></tr>
<tr><td>Oberfläche</td><td>$A_O = a^2 + 2ah_a$</td></tr>
<tr><td>Volumen</td><td>$V = \frac{1}{3}a^2 h$</td></tr>
<tr><td rowspan="3">Rechteckige Pyramide</td><td>Mantelfläche</td><td>$A_M = ah_a + bh_b$</td><td rowspan="3">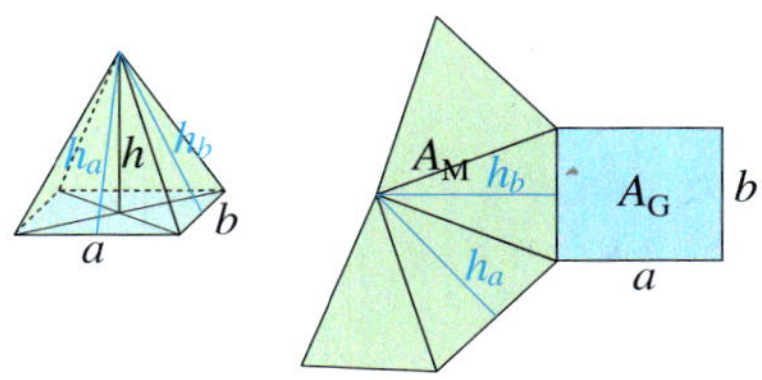
</td></tr>
<tr><td>Oberfläche</td><td>$A_O = ab + ah_a + bh_b$</td></tr>
<tr><td>Volumen</td><td>$V = \frac{1}{3}abh$</td></tr>
<tr><td rowspan="2">Pyramide</td><td>Oberfläche</td><td>$A_O = A_G + A_M$</td><td rowspan="2">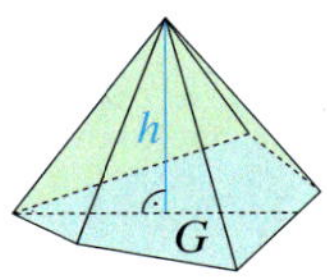
</td></tr>
<tr><td>Volumen</td><td>$V = \frac{1}{3}A_G \cdot h$</td></tr>
</table>

<table>
<tr><td>Kegel</td><td>Mantelfläche $A_M = \pi r s$
Oberfläche $A_O = \pi r(r + s)$
Volumen $V = \frac{1}{3}\pi r^2 h$</td><td>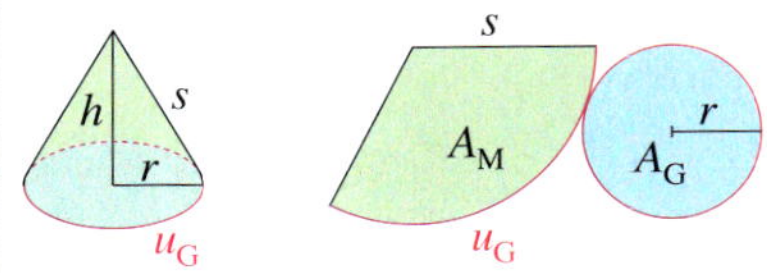
</td></tr>
<tr><td>Quadratischer Pyramiden-stumpf</td><td>Mantelfläche $A_M = 2h_a(a_1 + a_2)$
Oberfläche $A_O = a_1^2 + a_2^2 + 2h_a(a_1 + a_2)$
Volumen $V = \frac{1}{3}h(a_1^2 + a_1 a_2 + a_2^2)$</td><td>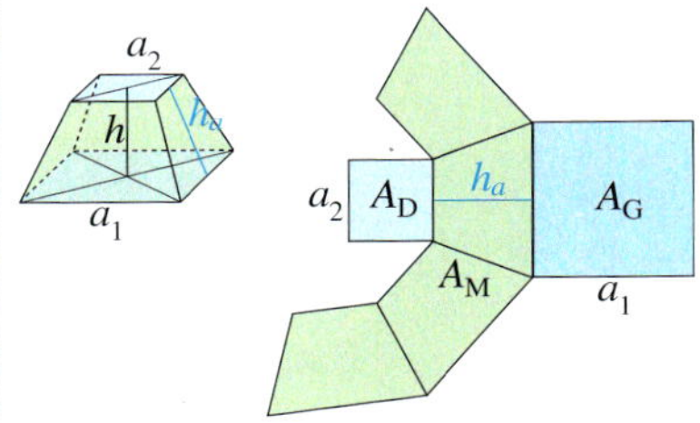
</td></tr>
<tr><td>Kegelstumpf</td><td>Mantelfläche $A_M = \pi s(r_1 + r_2)$
Oberfläche $A_O = \pi(r_1^2 + r_2^2 + s(r_1 + r_2))$
Volumen $V = \frac{1}{3}\pi h(r_1^2 + r_1 r_2 + r_2^2)$</td><td>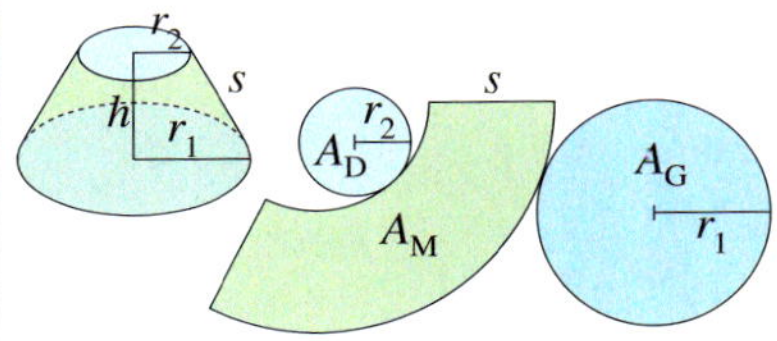
</td></tr>
<tr><td>Kugel</td><td>Oberfläche $A_O = 4\pi r^2$
Volumen $V = \frac{4}{3}\pi r^3$</td><td>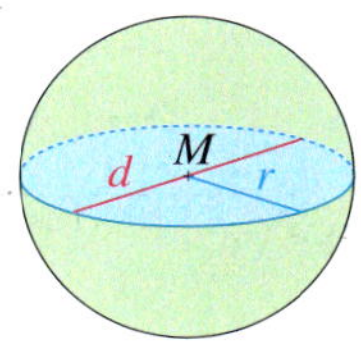
</td></tr>
<tr><td>Kugelab-schnitt</td><td>Oberfläche $A_O = 2\pi r h + \pi \varrho^2$
Volumen $V = \frac{1}{6}\pi h(3\varrho^2 + h^2)$
Radius der Schnittfläche $\varrho = \sqrt{h \cdot (2r - h)}$</td><td>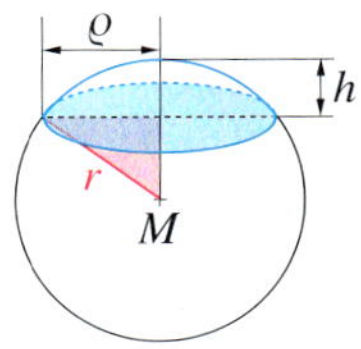
</td></tr>
<tr><td>Kugelschicht</td><td>Oberfläche $A_O = 2\pi r h + \pi(\varrho_1^2 + \varrho_2^2)$
Volumen $V = \frac{1}{6}\pi h(3\varrho_1^2 + 3\varrho_2^2 + h^2)$</td><td>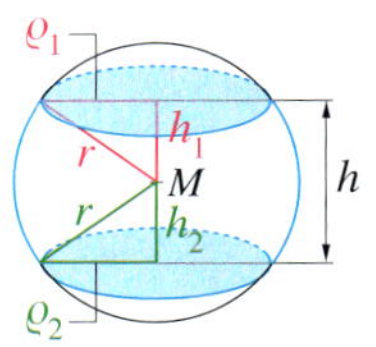
</td></tr>
<tr><td>Kugelaus-schnitt (Kugelsektor)</td><td>Oberfläche $A_O = \pi r(\varrho + 2h)$
Volumen $V = \frac{2}{3}\pi r^2 h$</td><td>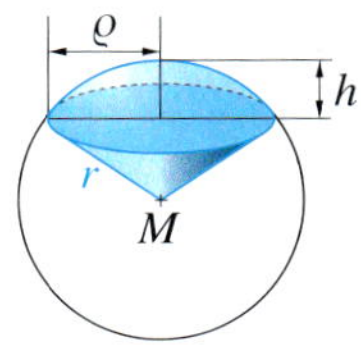
</td></tr>
</table>

Grundbegriffe der Stochastik

Die Stochastik ist ein Teilgebiet der Mathematik, das sich mit der Erfassung, Darstellung und Auswertung statistischer Daten beschäftigt.	
Ergebnis (Elementarereignis)	Ein Ergebnis ist ein möglicher Versuchsausgang eines Zufallsversuchs.
Zufallsversuch, Zufallsexperiment, Stichprobe	Ein Zufallsversuch ist ein Versuch mit zufälligem Ergebnis. Der Versuch besitzt mindestens zwei mögliche Ergebnisse, von denen bei jeder Versuchsdurchführung genau eines erzielt wird. Mögliche Ergebnisse: $x_1; x_2; \ldots; x_n$
Ergebnismenge Ω (Ergebnisraum)	Die Ergebnismenge ist die Menge aller möglichen Ergebnisse, die zu einem Versuch mit zufälligem Ergebnis gehören. $\Omega = \{x_1; x_2; \ldots; x_n\}$
Ereignis A	Jede Teilmenge A von Ω heißt eine zu diesem Zufallsexperiment gehörendes Ereignis ($A \subseteq \Omega$). Jedes der Ergebnisse von A ist **günstig** für das Ereignis A. Das Ereignis A tritt ein, wenn das Zufallsexperiment mit einem Ergebnis aus dem Ereignis A endet.
sicheres Ereignis	Das Ereignis tritt bei jeder Durchführung des Zufallsexperiments ein.
unmögliches Ereignis	Das Ereignis tritt bei der Durchführung des Zufallsexperiments niemals ein.
Gegenereignis $\overline{A}$	Zu jedem Ereignis A gibt es ein Gegenereignis $\overline{A}$, zu dem alle die Ergebnisse gehören, die **nicht zu A** gehören. $\overline{A}$ tritt genau dann ein, wenn A nicht eintritt.
absolute Häufigkeit $H_n(x_i)$ eines Ergebnisses x_i	Sie gibt an, wie oft ein bestimmtes Ergebnis x_i bei n Versuchsdurchführungen auftritt.
relative Häufigkeit $h_n(x_i)$ eines Ergebnisses x_i	Sie ist der Quotient aus absoluter Häufigkeit $H_n(x_i)$ des Ergebnisses und der Anzahl n der Versuchsdurchführungen. $h_n(x_i) = \frac{H_n(x_i)}{n}$
relative Häufigkeit $h_n(A)$ eines Ereignisses A	Sie ist der Quotient aus der Anzahl k des Eintretens eines Ereignisses A und der Anzahl n der Versuchsdurchführungen. $h_n(A) = \frac{k}{n}$ Die relative Häufigkeit eines Ereignisses ist gleich der Summe der relativen Häufigkeiten der einzelnen Ergebnisse aus A.

Wahrscheinlichkeit $P(A)$ Wahrscheinlichkeit des *sicheren* Ereignisses Wahrscheinlichkeit des *unmöglichen* Ereignisses Wahrscheinlichkeit des *Gegenereignisses* Wahrscheinlichkeit eines Ereignisses A, für das die Ergebnisse $a_1, a_2, \ldots, a_k$ günstig sind	Wird ein Zufallsexperiment sehr oft durchgeführt, so nähern sich die Werte der relativen Häufigkeiten für die einzelnen Ergebnisse einem stabilen Wert $P(A)$, der Wahrscheinlichkeit von A. Es gilt immer $0 \leq P(A) \leq 1$ $P(\Omega) = 1$ $P(\overline{\Omega}) = 0$ $P(\overline{A}) = 1 - P(A)$ $P(A) = P(a_1) + P(a_2) + \ldots + P(a_k)$
Laplace-Wahrscheinlichkeit	Bei einem Laplace-Experiment sind alle Ergebnisse gleich wahrscheinlich. $P(A) = \frac{\text{Anzahl der für } A \text{ günstigen Ergebnisse}}{\text{Anzahl der Ergebnisse in } \Omega}$

Statistische Kenngrößen

arithmetisches Mittel $\overline{x}$ (Mittelwert, Durchschnitt)	Es ist der Quotient aus der Summe aller Werte und deren Anzahl n. $\overline{x} = \frac{x_1 + x_2 + \ldots + x_n}{n}$
Zentralwert z (Median)	Er ist der Wert in der Mitte einer der Größe nach geordneten Messreihe. Bei einer geraden Anzahl von Werten wird aus den beiden in der Mitte stehenden Werten das arithmetische Mittel gebildet.
Modalwert m	Er ist der am häufigsten beobachtete Wert. In einer Messreihe können mehrere Modalwerte vorkommen.
Spannweite d (Schwankungsbreite)	Sie ist die Differenz aus dem größten und dem kleinsten Wert der Messreihe. $d = x_{\text{max.}} - x_{\text{min.}}$
mittlere Abweichung a	Sie ist das arithmetische Mittel aller absoluten Streuungswerte. Streuungswert: Betrag der Differenz aus Ergebnis und Mittelwert $a = \frac{\lvert x_1 - \overline{x} \rvert + \lvert x_2 - \overline{x} \rvert + \ldots + \lvert x_n - \overline{x} \rvert}{n}$
Varianz s^2 (mittlere quadratische Abweichung)	Sie ist das Maß für die Streuung der Beobachtungswerte (Messwerte) um den Mittelwert $\overline{x}$. Sie ist das arithmetische Mittel aller quadrierten absoluten Streuungswerte. $s^2 = \frac{(x_1 - \overline{x})^2 + (x_2 - \overline{x})^2 + \ldots + (x_n - \overline{x})^2}{n}$
Standardabweichung s	Sie ist ein Streuungsmaß. Die Einheit der Standardabweichung ist gleich der Einheit der Messwerte. Wurzel aus der Varianz $s = \sqrt{s^2}$

Mehrstufige Zufallsversuche

Mit Baumdiagrammen können Ergebnisse von mehrstufigen Zufallsversuchen übersichtlich dargestellt werden.
Für jeden Teilvorgang verzweigt sich das Diagramm in so viele Äste, wie es Ergebnisse für diesen Teilvorgang gibt.
Jeder Pfad in einem Baumdiagramm entspricht einem Ergebnis des mehrstufigen Zufallsexperiments.

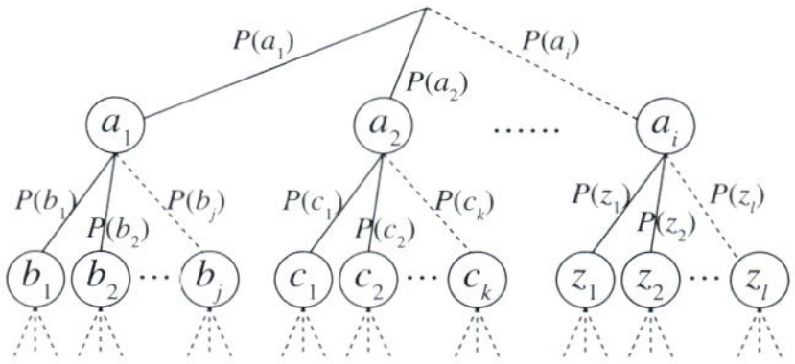

Knotenregel	Die Summe der Wahrscheinlichkeiten aller Zweige, die von einem Knoten ausgehen, beträgt 1.
1. Pfadregel (Produktregel)	Bei einem mehrstufigen Zufallsexperiment ist die Wahrscheinlichkeit eines Ergebnisses gleich dem Produkt der Wahrscheinlichkeiten entlang des Pfades im Baumdiagramm.
2. Pfadregel (Summenregel)	Bei einem mehrstufigen Zufallsexperiment ist die Wahrscheinlichkeit eines Ereignisses gleich der Summe der Ergebnisse der Pfade im Baumdiagramm, die zu diesem Ereignis gehören.

Kombinatorik

Anzahl der Anordnungen einer Menge aus n Elementen (Permutation)	Es gibt $n!$ (sprich: n Fakultät) Möglichkeiten, n verschiedene Elemente anzuordnen. $n! = 1 \cdot 2 \cdot 3 \cdot \ldots \cdot n \quad (0! = 1)$
Ziehen von k Elementen aus n Elementen mit Zurücklegen (Kombination mit Wiederholung)	Es gibt n^k Möglichkeiten.
Ziehen von k Elementen aus n Elementen ohne Zurücklegen (Kombination ohne Wiederholung)	Es gibt $\frac{n!}{(n-k)! \cdot k!}$ Möglichkeiten.